Gerhard Kemme

Darstellung und Erläuterung einer universalen physikalischen Ursache anhand der Sinneswahrnehmungen Schall und Licht

Kemme, Gerhard
Darstellung und Erläuterung einer universalen
physikalischen Ursache anhand der
Sinneswahrnehmungen Schall und Licht
Herstellung und Verlag: Books on Demand
GmbH, Norderstedt 2013
ISBN-13: 9783732279548

Originalausgabe
◻ 1. Auflage, Herstellung und Verlag:
Books on Demand GmbH,
Norderstedt 2013
Alle Rechte vorbehalten

Inhaltsverzeichnis:

Einführung	4
Allgemeines zum Schall	5
Modellvorstellung zur Erzeugung und Ausbreitung von Schallwellen	7
Ein Modell zur Schallentstehung	11
Allgemeines zum Licht	14
Emittierung von Licht	15
Erweiterung der Modellvorstellung auf den Begriff der Masse	19
Methode zum Nachweis der Zahlenwerte durch Rechnung	20
Ausblick	24
Anhang: Berechnung der Größen einer harmonischen Schwingung per Formel	26
Anhang: Worterklärungen	29

Einführung

Eltern und Lehrer haben es gemeinsam, dass ihnen von Kindern oder Jugendlichen Fragen gestellt werden, die sie nicht sofort beantworten können.

Dazu einige Beispiele:

Wenn ein Bleistift angetippt wird, bewegt sich dann das andere Ende gleichzeitig? Antwortversuch: Eine solche Verschiebung pflanzt sich mit der Schallgeschwindigkeit des Materials bis zum anderen Ende fort, so dass sich das andere Ende etwas später bewegt.

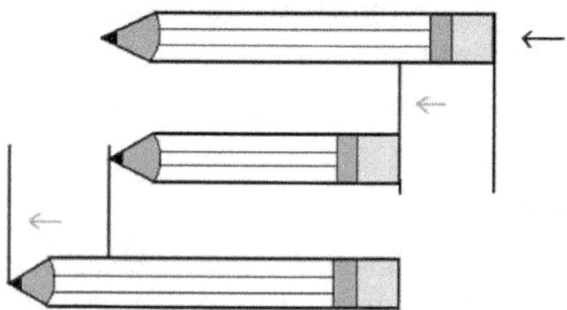

Diesen Vorgang kann man ähnlich auf einem Rangierbahnhof beobachten, wenn die Lokomotive den vordersten Waggon des Güterzuges berührt und man sehen kann, wie dieser

Impuls über die gefederten Puffer von einem Wagen zum nächsten läuft, bis schließlich auch der letzte Güterwaggon Fahrt aufnimmt.

Eine Menschenmenge will einen Vortragssaal betreten oder in einen Bus einsteigen – und es kommt zum Stau. Dann wird die Frage laut, warum es denn nicht weiter ginge. Die Antwort wäre dann meistens, weil die vordersten nicht weiter gingen. Dann wird durchgesagt, dass man bitte weiter durchgehen möge, damit die hinteren in der Schlange auch nachrücken könnten.

Es gäbe noch etliche Beispiele dieser Art, die auf einen einzigen Vorgang reduziert werden sollen: Es findet eine Auslenkung statt, d.h. es wird an einem Ende mit Hilfe eines Gegenstandes Kraft ausgeübt und das andere Ende bewegt sich dann etwas später weiter. Nachfolgend soll untersucht werden, ob ein solches Prinzip auch auf andere physikalische Phänomene anwendbar ist.

Allgemeines zum Schall

Der Begriff Schall bezeichnet Druckänderungen in einem Medium, welche mit dem Gehör wahnehmbar sind. Eine kurz dauernde Druckänderung heißt Knall, dagegen bezeichnet man eine Sequenz mit periodischen Änderungen des Druckes als Ton oder Geräusch, je nachdem, ob sich der Schalldruck regelmäßig - z.B. harmonisch - ändert oder unregelmäßig ist. Töne werden von schwingenden elastischen Körpern, Stäben, gespannten Saiten, Pfeifen oder Glocken erzeugt. Je höher die Frequenz, d.h. je größer die Anzahl der Schwingungen in der Sekunde ist, desto höher ist der Ton. Die Schwingungen erzeugen zunächst im umgebenden Medium – z.B. Luft - Schallwellen, die sich wie Wasserwellen fortpflanzen, bis sie unser Ohr erreichen. Bei Telefon-Verbindungen wird die Übertragung des Schalls mit Hilfe des elektrischen Stromes vom Mikrofon zum Hörer vorgenommen. Die Schallgeschwindigkeit beträgt bei trockener Luft c=343m/s. Die Lehre vom Schall heißt Akustik. Der Zusammenhang von Schallgeschwindigkeit (c), Wellenlänge (λ) und Frequenz (f) wird durch die Formel:

$$\lambda = \frac{c}{f}$$ hergestellt.

Modellvorstellung zur Erzeugung und Ausbreitung von Schallwellen

Weitverbreitet sind Vorstellungen, dass die vibrierende Membran eines Lautsprechers Schwingungen des Mediums Luft verursacht,

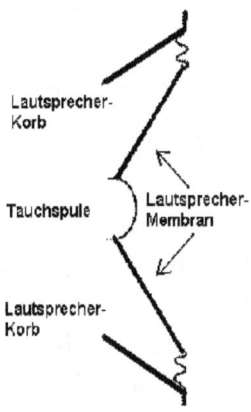

welche sich als Schallwellen mit Schallgeschwindigkeit ausbreiten und so einen akustischen Informationskanal zum Gehör oder einer anderen Empfangseinrichtung bilden. An dieser Vorstellung irritiert allerdings die Erkenntnis, dass sich Schallwellen in einem Medium mit konstanter Geschwindigkeit – der Schallgeschwindigkeit ausbreiten – was eigentlich nicht sein dürfte, wenn man bedenkt, dass die Schallgeschwindigkeit weitgehend unabhängig von Frequenz und Amplitude der Schallwelle ist. Eigentlich sollte doch erwartet werden, dass sich das Schallsignal nicht schneller ausbreitet, als sich die Membran bewegt hat. Nimmt man einen Fächer und wedelt damit, dann wäre eigentlich klar, dass sich Luft und Fächer mit demselben Tempo bewegen – allerdings wird man keinen Ton wahrnehmen. Vielleicht müßte die Bewegung der Membran schneller sein und somit soll ein Lautsprecher benutzt werden:

Man nehme einen Schallerzeuger, dessen Membran einen Hub - oder eine Schallauslenkung - von **s = 10mm = 0,01m** hat und diesen Weg, d.h. die Amplitude, in **t =0,0025s** zurücklegt. Da bei einer solchen Schwingung der Weg zum Maximum oder Minimum – also den Amplituden – viermal genommen wird, hätte man eine Schwingungsdauer von **T=0,01s** und damit nach f=1/T eine Frequenz von f=1/0,01=100 Hz. Rechnet man ungefähr die Geschwindigkeit aus, mit der sich die Lautsprecher-Membran maximal bewegt, so kommt man über den Weg einer Amplitude, welcher hier 0,01m sein soll und der in 0,0025s zurückgelegt wird, auf eine Geschwindigkeit von v=s/t, v= 0,01m/0,0025s und somit v= 4 **m/s** - etwas genauer und mit größerem Aufwand gerechnet, ergibt sich eine

Durchschnittsgeschwindigkeit von 3,78m/s.

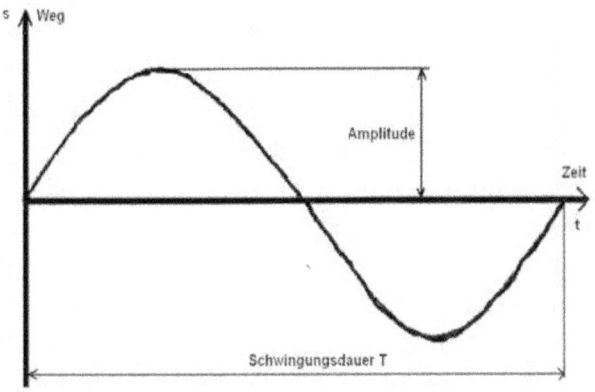

Vergleicht man diese Bewegung der Membran des Lautsprechers mit dem Wert der Schallgeschwindigkeit in trockener Luft, bei 20°C, welche **343m/s** beträgt, so wird erstaunlicherweise klar, dass eine Auslenkung der Lautsprechermembran mit **v= 4 m/s** eine Ausbreitung der Schallwelle mit **343m/s** verursacht. Wie kann etwas, was angeschoben wird, wesentlich schneller sein als der anschiebende Mechanismus?

Zur weiteren Klärung soll auch ein Beschleunigungswert ermittelt werden: Nach der Formel s=a/2*t², d.h. a=2*s/t², ergibt sich für

eine Amplitude, d.h. für eine Viertelperiode, a=2*0,01/(0,0025*0,0025), a=3200m/s² – genauer aber aufwändiger gerechnet, erhält man eine Durchschnittsbeschleunigung von a = 2382 m/s².
Diese Beschleunigung ist erstaunlich hoch, d.h bei diesen Bedingungen wird durch die Membran eine Schallwelle erzeugt, die das Gehör als Ton erkennt.

Nimmt man als Vergleich das Wedeln mit einem Fächer, durch das kein wahrnehmbares Geräusch erzeugt wird, so ergibt sich folgende Rechnung:

Fächelt man sich über einen Weg von **0,1 m**, der in **1 s** zurückgelegt wird, Luft zu, dann wäre die Beschleunigung **s = a/2*t²**, somit **a=2*s/t²** und eingesetzt: **a = 2*0,1/1² = 0,2 m/s²**. Mit einer Durchschnittsgeschwindigkeit von: **v=a/2*t=0,2/2*1=0,1 m/s**. Sowohl Beschleunigung als auch Durchschnittsgeschwindigkeit wären bei einer solchen Frequenz von **0,25 Hz** ziemlich niedrig.

Dieses Resultat stimmt mit der Erfahrung überein, dass hörbare Töne erst ab einer Frequenz von 16 Hz erzeugt werden. Hieraus ergibt sich, dass zur Erzeugung von Schallwellen hohe Beschleunigungen bei der Auslenkung mit Hilfe der Lautsprecher-Membran erforderlich sind.

Wie kann erklärt werden, dass bei hoher Beschleunigung einer auslenkenden Apparatur – z.B. einer Lautsprecher-Membran – Schallsignale erzeugt werden, die sich mit einer Schallgeschwindigkeit von 343m/s im Medium Luft ausbreiten? Eine Methode hierzu ist die Formulierung einer Modellvorstellung. Ein solches Modell soll im nächsten Abschnitt erläutert werden.

Ein Modell zur Schallentstehung

Aus Erfahrung ist bekannt, dass bei der Bewegung oder Verschiebung eines Gegenstandes der Weg vor diesem Objekt frei sein muß – und wenn dies nicht so ist, dann muß er frei gemacht werden. Entsprechend soll es sein, wenn sich eine auslenkende Apparatur – oder auch Membran – bewegt – denn davor befindet sich das Übertragungsmedium, z.B. ein Fluid wie Luft oder Wasser, welches als Aneinanderfügung von Molekülen gedacht werden kann.

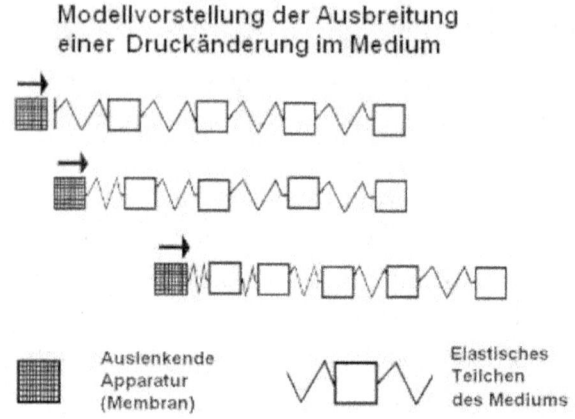

Wenn sich dann die Membran bewegt, müssen die davor befindlichen Moleküle oder Teilchen irgendwo hin. Findet eine solche Auslenkung mit geringer Beschleunigung statt, so könnte man sich vorstellen, dass diese Bewegung durch die Elastizität der Moleküle oder Teilchen aufgefangen und weiter geleitet wird – entsprechend der Federung bei einem Automobil. Wenn bei einer höheren Frequenz und damit höherer Beschleunigung der auslenkenden Apparatur die raumgreifende Bewegung nicht mehr durch die Elastizität der

Teilchen aufgefangen werden kann – dann kommt es wie bei der Federung eines Automobils dazu, dass die Federn bis an die Elastizitätsgrenze durchgedrückt sind und ein harter Stoß an die Stoßdämpfer weiter geleitet wird. Entsprechend kann in dieser Modellvorstellung davon ausgegangen werden, dass ein Impuls mit hoher Geschwindigkeit durch das Übertragungsmedium rast – wobei es sich z.B. bei Luft dann um die Schallgeschwindigkeit von 343 m/s handelt. Trifft dieser Impuls im Medium auf einen Bereich mit Unterdruck, so können sich die Teilchen am Ende der Kette in diesen Raum hinein bewegen – so wie Wellen am Strand auslaufen. Rückwärts laufend ergibt sich so eine Entlastung, so dass die auslenkende Apparatur weiteren Raum einnehmen und weitere Teilchen des Mediums verdrängen kann. Es ist einleuchtend, dass die Geschwindigkeit einer solchen Fortpflanzung des Impulses mit einer Geschwindigkeit erfolgt, die vom Medium abhängig ist – bei Luft also mit Schallgeschwindigkeit.

Allgemeines zum Licht

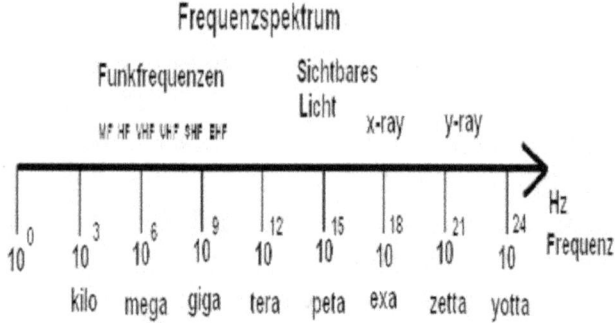

Licht ist der für Lebewesen wahrnehmbare Bereich des Elektromagnetischen-Spektrums. Diese Sinneswahrnehmung gehört mit zu den elektromagnetischen Wellen und umfaßt Wellenlängen von 770nm bis 400nm - damit Frequenzen von 389 THz bis 749 THz (mit 1 THz = 10^12 Hz).
Der Zusammenhang von Lichtgeschwindigkeit (c), Wellenlänge (λ) und Frequenz (f) wird durch die Formel: $\lambda = \dfrac{c}{f}$ hergestellt.

Emittierung von Licht

Vom Schall zum Licht soll der Forschungsweg gehen, dessen Grundlage die Annahme ist, dass eine Ähnlichkeit zwischen diesen beiden Sinneswahrnehmungen vorhanden ist, so dass sich die Berechnungen beim Schall, d.h. beim Themenbereich Akustik, auf die Verhältnisse beim Licht - und damit auch allgemein auf Elektromagnetische Wellen - übertragen lassen. Zentral soll somit die Beantwortung der Frage sein, welche Beschleunigung ein auslenkendes Teilchen – z.B. Elektron - haben sollte, damit eine Lichtwelle erzeugt wird. Die auslenkende „Apparatur" bei der Emittierung von Licht könnte ein Elektron sein, welches beim Übergang von einem höheren zu einem tieferen Energieniveau ein Photon mit der Energie $E = h \cdot \nu$ aussendet.

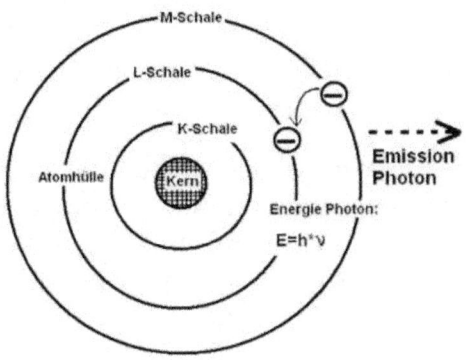

Wenn solche hin- und herschwingende Elektronen als auslenkende Apparatur oder auch Membran angesehen werden sollen, so fehlt nur noch ein Übertragungsmedium, welches vergleichbar zur Luft bei der Schallübertragung wäre. Dieses Medium soll die bekannte aber strittige Bezeichnung „Äther" haben, damit etwas Anschauung vorhanden ist, wenn es um die Entwicklung einer Modellvorstellung zur Erzeugung und Übertragung von Licht oder ganz allgemein zur Emittierung elektromagnetischer Wellen geht. Der physikalische Begriff Äther ist griechischen Ursprungs und bezeichnete nach Aristoteles das fünfte überirdische Element, die reine Himmelsluft oder den Weltäther und bekam in der Neuzeit als Funkäther oder Lichtäther die Bedeutung eines Trägermediums für elektromagnetische Wellen. So wie der Begriff Äther seit Mitte des siebzehnten Jahrhunderts im Gespräch ist und Verwendung findet – so umstritten ist er auch.

An dieser Stelle soll es um Theorie und Entwicklung von Modellvorstellungen gehen und nicht um den Vortrag abschließender Fakten. Insofern wird hier der Begriff Äther benutzt und beschreibt eine Substanz, die den luftleeren Raum – z.B. den Weltraum – füllt – diese

Aussage als Annahme.

Wie bereits gesagt, wird Licht – oder allgemein eine eletromagnetische Welle – ausgesandt, wenn Elektronen unter Energieabgabe hin- und herschwingen. Bei solchen Schwingungen kann es sich um thermische Schwingungen handeln oder auch um Elektronenbewegungen in einer Sendeantenne. Nachfolgend sollen Geschwindigkeit und Frequenz von (rotem) Licht ausgerechnet werden:

Gegebene Größen:

$f\_licht = 400 THz = 400*10^{12} Hz$

Auslenkung des erzeugenden Teilchens (Elektron):

$s\_max = 1 pm = 10^{-12} m$

Rechnung für die maximalen Größen von Geschwindigkeit v und Beschleunigung a.

Geschwindigkeit:

$s\_max = v\_max / \omega$

$v\_max = s\_max * \omega$

$v\_max = s\_max * (2*\pi*f)$

$v\_max = 10^{-12} * 2*\pi * 400*10^{12}$

$v\_max = 2513{,}2741$ m/s

Beschleunigung:

$s\_max = a\_max / \omega^2$

$a\_max = s\_max \cdot \omega^2 = s\_max \cdot (2 \cdot \pi \cdot f)^2$

$a\_max = 10^{-12} \cdot (2 \cdot \pi \cdot 400 \cdot 10^{12})^2$

$a\_max = 6{,}31654 \cdot 10^{18}$ m/s²

Auch aus diesen Rechnungen ergibt sich, dass die Geschwindigkeit der schwingungserzeugenden Apparatur - hier ein oszillierendes Elektron – mit v=**2513,2741 m/s** wesentlich langsamer ist als die Geschwindigkeit der Ausbreitung einer Lichtwelle, welche sich mit Lichtgeschwindigkeit **c=299792458 m/s** fortpflanzt. Entsprechend wie beim Schall ist die Beschleunigung dieser Membran - d.h. einem schwingenden Elektron - mit **a=6,31654 * 10^18 m/s²** sehr hoch. Wieder wäre es die Frage, wie mit einer niedrigen Geschwindigkeit eine Welle mit hoher Ausbreitungsgeschwindigkeit ausgelöst werden kann? Wie auch beim Schall wäre es eine Erklärung, dass durch die auslenkende Apparatur das Medium nicht sofort – instantan – verschoben wird, sondern dass jeweils ein Impuls durch die Teilchen des Mediums läuft, dessen Geschwindigkeit vom Medium abhängig ist. Man kann es vielleicht mit Hilfe von Dominosteinen veranschaulichen, die in langer Reihe umfallen. So würde nach dieser Modellvorstellung die langsame Bewegung einer Membran im Vakum – oder Weltraum – keinen Lichtstrahl auslösen – eine hohe Frequenz mit Beschleunigungen von $6*10^{18}$ m/s² hat allerdings den Effekt, Licht zu erzeugen. Wobei es sich beim Licht auch immer um elektromagnetische Wellen handelt.

Erweiterung der Modellvorstellung auf den Begriff der Masse

Wirkt eine Kraft über eine Vorrichtung auf einen Gegenstand, so wäre es klar, dass an dem Wirkungsort der Kraft, die Moleküle oder Atome nicht sofort dem Druck nachgeben können, da sie durch angrenzende Materie an ihrem Ort fest gefügt sind – entsprechend läuft durch den gesamten Gegenstand ein Impuls – vermutlich mit Schallgeschwindigkeit des Stoffes – bis sich am anderen Ende des Gegenstandes ein Freiraum findet, so dass sich dort die Moleküle und Atome weiter bewegen können, daraufhin läuft der Impuls dieser Entlastung rückwärts bis zur wirkenden Kraft, so dass vor dieser die Atome oder Moleküle nunmehr bewegt werden können. Man kann sich vorstellen, dass dieses Hinundherpendeln Zeit in Anspruch nimmt und dass die Zeitdauer um so größer ist, je mehr Materie vorhanden ist. Diese Zeit für die Übertragung einer Geschwindigkeit auf einen Gegenstand kann nach diesem Modell somit als Träge Masse bezeichnet werden. Der Begriff Masse wäre dann die Bezeichnung eines Vorganges bei der Wechselwirkung mitttels Kraft auf Materie.

Methode zum Nachweis der Werte von Schall- oder Lichtgeschwindigkeit per Rechnung

Das Finden einer passenden Modellvorstellung zur Erklärung unterschiedlicher physikalischer Phänomene mit Hilfe einer universalen Ursache ist das eine Ding – der Nachweis der Richtigkeit solcher Ansichten ein anderes. An dieser Stelle soll zumindest ein Weg skizziert werden, mit dessen Hilfe es möglich ist, rechnerisch per Tabellenkalkulation auszurechnen, wie schnell ein Impuls durch eine Kette elastischer Teilchen läuft. Vorliegend wurde nur ein einfaches Beispiel gezeigt – Plan ist es jedoch, sich eine Verkettung von Molekülen eines Gases zu denken, indem man die Gewichte (Massen) und die Kompression berücksichtigt – und dann eine Vielzahl von Kettengliedern als Reihe durchrechnet – erwartet würde dann, dass man so rechnerisch auf die Werte von Schallgeschwindigkeit und mit mehreren Annahmen sogar auf den Wert der Lichtgeschwindigkeit käme. Nachfolgend nur das Prinzip dieser Methode:

Bei der Erzeugung und Übertragung von Schall in Luft, d.h. in Gasen oder anderen Fluiden, sowie bei der Erzeugung und Übertragung von Licht durch ein Medium, welches teilweise als Äther bezeichnet wird, kann von einem einfachen mechanischen Modell ausgegangen werden, d.h. es sind Masseteilchen vorhanden, die elastisch miteinander verbunden sind. Ziel soll hier sein, den Bewegungsvorgang einer Auslenkung durch eine Membran an einem einfachen exemplarischen Beispiel rechnerisch zu betrachten.

Bewegung einer elastisch gelagerten Masse

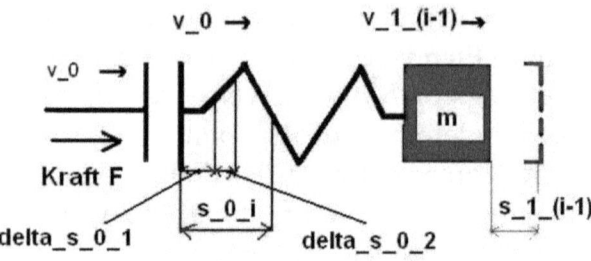

v_0 und $delta\_t$ sind konstant

Eine auslenkende Apparatur oder auch Membran übt eine Kraft auf die elastische Hülle eines Materieteilchens aus und bewegt dadurch den Kern des Teilchens. Dieser Vorgang wird anhand einer Kette von rechnerisch gedachten weiteren elastischen Teilchen durchgeführt – wobei die Realisierung per Tabellenkalkulation stattfindet. Es soll der Bewegungsvorgang einer elastisch gelagerten Masse mit Hilfe einer Tabellenkalkulation und somit variablen gegebenen Werten durchgerechnet werden. Eine Kraft F bewegt einen auslenkenden Stempel (Membran) so, dass die Geschwindigkeit v_0 konstant bleibt. Trifft diese Apparatur auf die Druckfeder, welche die komprimierbare Hülle irgendwelcher Atome oder sonstigen Teilchen darstellen soll, so wird die Druckfeder kontrahiert (zusammengepresst), da die verbundene Masse aufgrund der Massenträgheit verharrt. Die komprimierte Feder erzeugt allerdings nunmehr auch eine Kraftwirkung auf die Masse, so dass diese beschleunigt wird und somit auch eine Geschwindigkeit bekommt. Dadurch verringert sich die Geschwindigkeit, mit der die Druckfeder zusammengepresst wird - da $v\_0 - v\_1\_(i-1)$. Die Bewegungsvorgänge werden in Zeittakten $delta\_t$ mit $delta\_s\_0\_i$ und $delta\_s\_1\_(i-1)$ sowie $delta\_v\_1\_(i-1)$ berechnet. Der Index i bezeichnet dabei die Anzahl der vergangenen Zeittakte $delta\_t$. Wobei es so gedacht ist, dass auf eine Komprimierung $delta\_s\_0\_i$ erst im nächsten Zeittakt eine Wirkung - somit per $delta\_s\_1\_(i-1)$ folgt. Ziel sei es einmal rechenbar zu machen wieviel Zeit vergeht, bis die Wege s_0 und s_1 gleich sind, d.h. so wird rechenbar, wielange ein Impuls benötigt, durch diese Vorrichtung zu laufen und mit welcher Geschwindigkeit dies geschieht. Späteres Ziel soll dann sein, eine Sequenz von vielen elastischen Masse zu rechnen und diese so zu normieren, dass eine Ähnlichkeit z.B. zu Luftmolekülen etc. entsteht, die auch komprimierbar sind und Masse besitzen. Es ist zumindest die Idee vorhanden so eine Vielzahl von Gesetzen bezüglich der Sinneswahrnehmungen Schall und Licht aus einem solchen Modell von der theoretisch analytischen Seite her zu berechnen.

Ausblick

Am Anfang und Ende dieser Schrift standen Frage und Forderung, dass mögliche Antworten auf naturwissenschaftliche Phänomene auch gegeben werden sollten. So steht und stand bei den Sinneswahrnehmungen Schall und Licht die Frage an, wie es kommt, dass deren Übertragung mit konstanter Ausbreitungsgeschwindigkeit erfolgt. Hierzu war an dieser Stelle der Versuch unternommen worden, eine schlüssige Modellvorstellung zu skizzieren. Es fehlt allerdings das Verbindungsglied zu der Physik im etablierten wissenschaftlichen Bereich, denn dort ist das Thema Licht unter dem Begriff Photonemission bei der Atom-Licht-Wechselwirkung durchaus per Spektoskopie erforscht und auch mathematisch abgehandelt worden. Wer mit Fachdidaktik zu tun hatte, wird allerdings eine Spirale Didaktischer Reduktion vermissen, so dass die quantitativen und abstrakten Aussagen der Hochschulphysik in diesem Themenbereich bis zum Sachunterricht an Grundschulen ausgeweitet werden können. Denn Schall, Licht und Mobilfunk sind allgegenwärtig und sollten in ihren physikalischen Grundlagen verstanden werden.

Anhang: Berechnung der Größen einer harmonischen Schwingung per Formel

Eine Sinus-Schwingung von **f = 100 Hz** wird über eine Membran übertragen, wobei der Hub der Membran ξ = s = **0,01 m** betragen soll. Somit ist die Funktion der mechanischen Schwingung der Membran:

$$s(t) = s_{max} \cdot sin\,(\omega \cdot t)$$

$$s(t) = s_{max} \cdot sin\,(2 \cdot \pi \cdot f \cdot t)$$

eingesetzt:

$$s(t) = 0,01 \cdot sin\,(2 \cdot \pi \cdot 100 \cdot t)$$

$$s(t) = 0,01 \cdot sin\,(628.31853071795865 \cdot t)$$

Um letzten Endes zu ermitteln, welche Funktion die Beschleunigung hat, wäre erstmal die Geschwindigkeit per erster Ableitung zu ermitteln, da die Ableitung des Weges nach der Zeit die Geschwindigkeit ergibt und die Ableitung der Geschwindigkeit nach der Zeit dann die Beschleunigung darstellt. Dabei gelten für Trigonometrische Funktionen die Ableitungsregeln:

[sin(x)] ' =cos(x) und [cos(x)] ' = - sin(x)

Zusätzlich wäre die Kettenregel anzuwenden:

f(x)=h[g(x)]

f '(x)=h'[g(x)]*g'(x)

somit:

[s_max*sin(ω * t)] ' =s_max * ω * cos(ω *t)

$$s(t) = 0,01 \cdot sin\,(628.31853071795865 \cdot t)$$

somit:

$$s'(t) = v(t) = 0,01 \cdot 628.31 \cdot cos\,(628.31 \cdot t)$$

$$v(t) = 6,283 \cdot cos\,(628.31 \cdot t)$$

Also: v_max=6,283m/s

Die Ableitung der Geschwindigkeit nach der Zeit ergibt die Beschleunigung:

[s_max* ω*cos(ω t)]'= -s_max*ω^2 *sin(ω*t)

$$v(t) = 6,283 \cdot cos\,(628.31 \cdot t)$$

somit:
$$v'(t) = a(t) = -6,283 \cdot 628.31 \cdot \sin(628.31 \cdot t)$$
$$v'(t) = a(t) = -3947.84 \cdot \sin(628.31 \cdot t)$$

Also: a_max(90°)=-3947,84m/s² und
a_max(270°)=3947,84m/s²

Man kann einige Zeitpunkte nehmen und die entsprechenden Beschleunigungen errechnen:

Wertetabelle Beschleunigung

Winkel	Zeit	Geschwin-digkeit v(t)= 6,283* cos(628*t) m/s	Beschleu-nigung a(t)= -3947* sin(628*t) m/s²
°	s		
0°	0	6.283	0
45°	0.00125	4.4428	-2791
90°	0.0025	0	-3947
135°	0.00375	-4.442	-2791
180°	0,005	-6.283	0
225°	0.00625	-4.4428	2791

270°	0.0075	0	3947
315°	0.00875	4.4428	2791
360°	0,01	6.2831	0

Anhang: Worterklärungen

Frequenz:

Unter **Frequenz** versteht man die Anzahl von Vorgängen, die sich in der Zeit hinundher bewegen - oder die Anzahl der Schwingungen pro Sekunde. Das Formelzeichen der Frequenz ist **f** und die Einheit ist **Hertz (Hz)** – wobei:

1 Herz = 1 Schwingung pro Sekunde = 1/s

Für die Übertragung von Elektromagnetischen Wellen gibt es die Formel $f = c / \lambda$.

Mit:

f ist Formelzeichen für die Frequenz

c ist Formelzeichen für die Lichtgeschwindigkeit

λ (Lambda) ist Formelzeichen für die Wellenlänge

Geschwindigkeit:

Als **Geschwindigkeit** - Formelzeichen **v** - wird mathematisch der pro Zeiteinheit zurückgelegte Weg bezeichnet. Die Formel lautet: **v=s/t** und die Einheit dann **m/s,** d.h. Meter pro Sekunde.

Mit:

s ist Formelzeichen für den Weg

t ist Formelzeichen für die Zeit

v ist Formelzeichen für die Geschwindigkeit

Beschleunigung:

Beschleunigung ist die Änderung der Geschwindigkeit pro Zeit. Der Formelbuchstabe ist **a,** die Maßeinheit m/s² und die Formel a=v/t.

Kraft:

Kraft ändert den Bewegungszustand eines Körpers. Das Formelzeichen ist **F** und die Einheit ist **N,** d.h. Newton, wobei:

$$1N = \frac{1\text{kg} \cdot \text{m}}{\text{s}^2}.$$

Formeln:

$F = a \cdot m$

Kraft = Beschleunigung · Masse

$F = \dfrac{dp}{dt}$

Kraft ist Ableitung des Impulses nach der Zeit. Dabei ist die Formel des Impulses

$p = m \cdot v$

Wobei sich der Zusammenhang zwischen Kraft, Masse und Beschleunigung dann über den Impuls wieder ergibt:

$F = \dfrac{dp}{dt} = \dfrac{dv}{dt} \cdot m = a \cdot m$

Akustik:

Akustik ist die Lehre vom Schall. In ihr wird u.a. die Schallentstehung und die Ausbreitung von Schallwellen beschrieben.

Bewegung:

Bewegung ist der Wechsel der Lage eines Körpers in Beziehung zu anderen Körpern oder zu einem gedachten Koordinatensystem, wobei eine Bewegung Zeit erfordert. Man unterscheidet auch zwischen gleichförmiger und beschleunigter Bewegung. Meistens wird ausgesagt, dass Bewegung relativ zu einem anderen Objekt sei. Bei der Geschwindigkeitsmessung eines Automobils auf der Autobahn stellt die Fahrbahn mehr oder minder ein absolutes Bezugssystem dar - was interessiert die Geschwindigkeit des Fahrzeuges in Bezug auf die Bewegung des Mondes. Die Bewegung gilt als ursprüngliche Eigenschaft der Materie. Man spricht auch von einer geistigen Bewegung und von einer Gemütsbewegung.

www.ingramcontent.com/pod-product-compliance
Lightning Source LLC
Chambersburg PA
CBHW050253230526
45470CB00005B/2240